上海市学校心理健康教育
黄晞建名师工作室

少儿心理健康教育漫画
系列丛书

来来的幸福人生

陆婷婷◎著　　snow match◎绘

格致出版社　上海人民出版社

图书在版编目(CIP)数据

来来的幸福人生/陆婷婷著；snow match 绘. —
上海：格致出版社：上海人民出版社，2018.10(2020.6 重印)
ISBN 978-7-5432-2922-8

Ⅰ. ①来… Ⅱ. ①陆… ②s… Ⅲ. ①幸福-青少年读物 Ⅳ. ①B82-49

中国版本图书馆 CIP 数据核字(2018)第 190449 号

责任编辑 程筠函
装帧设计 人马艺术设计·储平

少儿心理健康教育漫画系列丛书
来来的幸福人生
陆婷婷 著 snow match 绘

出　　版 格致出版社
上海人民出版社
(200001 上海福建中路 193 号)
发　　行 上海人民出版社发行中心
印　　刷 常熟市新骅印刷有限公司
开　　本 787×1092 1/24
印　　张 4
插　　页 1
字　　数 39,000
版　　次 2018 年 10 月第 1 版
印　　次 2020 年 6 月第 2 次印刷
ISBN 978-7-5432-2922-8/B·37
定　　价 35.00 元

亲爱的同学们，随着你们身心的发展，受到更多来自社会、家庭、学校等环境的影响，你们对老师、小伙伴们更敏感，也有了更多的关注。在生活经验不断积累的过程中，你们逐渐形成了自己的人际交往能力、认知能力、学习能力，并对未来充满期待。而日常生活中，大家常常习惯以“我喜欢……”“我讨厌……”等句型随意表达对朋友或学习的态度。怎样才能快乐生活，拥有更多的好朋友，又能轻松学习，并拥有灿烂的未来呢？这套心理健康教育漫画系列丛书，以四格或多格漫画的形式，陪伴你一起面对这些至关重要的人生命题。

我们的这套心理健康教育漫画系列丛书共分为四册，主要面向 4—9 年级的学生，主要聚焦于与你们密切相关的主题——人际交往、情绪调适、学习生活、未来发展。我们用大家喜闻乐见的漫画形式引出多样化的问题，并辅以“碎碎念”从心理角度做一些分析或给出一些积极的建议。去除复杂高深的专业心理术语外壳，希望同学们在轻松愉悦的阅读时光中得到心灵的感悟和收获。

亲爱的同学们，如果你们在阅读过程中有任何问题、感想或建议，欢迎给我们写信喔，你们的专属邮箱是 cymhxl@sina.com。听说如果你的建议被采纳，还有精美奖品呢。

好了，不影响你们的阅读时间了，祝你们的生活布满阳光，快乐每一天。

你们的好朋友：黄晞建

上海市学校心理健康教育名师

中国心理卫生协会大学生心理咨询专业委员会副主任

目 录

版块一 亲子沟通

版块二 同伴相处

版块三　对话青春

版块四　走近老师

登场人物一览

来来（图①）

男，六年级。学习不理想，没有突出才艺，玩是一等大事。追追猫，逗逗狗，“坏点子”层出不穷。虽然想到作业就头疼，拖延症不断加剧，但是有时也想改变自己，为此内心感到矛盾和挣扎。

月月（图②）

来来的同班同学。性格乖巧，学习成绩很好。

学霸（图③）

来来崇拜的对象，学习成绩好，又会玩，让人羡慕嫉妒恨。

鱼蛋（图④）

来来的死党兼同桌。长相一般，学习成绩垫底，贪玩，不思进取，得过且过。

司老师（图⑤）

来来的班主任，对学生要求严格，学生犯错误时最不愿也最怕见到的人。

来妈（图⑥）

一心只要求来来学习成绩的偏执“虎妈”。

来爸（图⑦）

一个家庭妇男，“妻管严”。

版块一
亲子沟通

父母总是管很多怎么办?

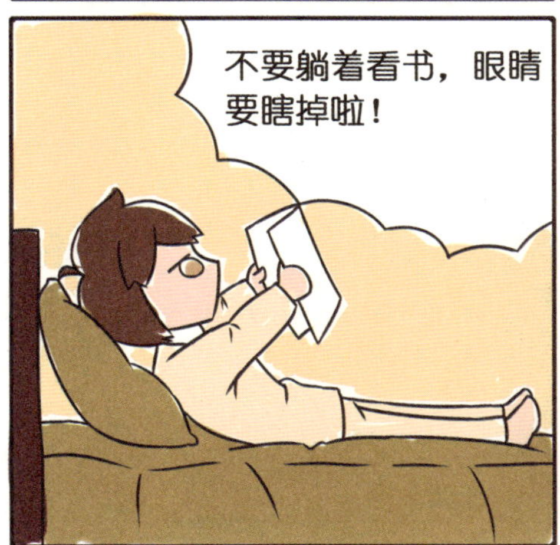

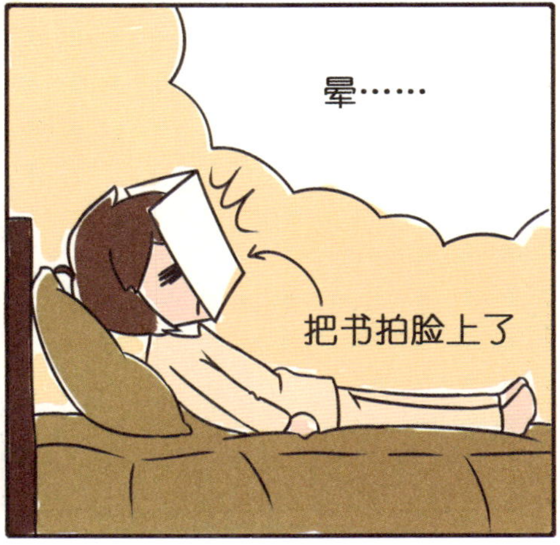

怎么这么早就睡
觉啦？作业都做
好了？也不知道
多看会儿书！

怎么现在还不睡觉？
一天到晚磨磨蹭蹭，
晚睡了明天早上又要
爬不起来了！

跟你说了多少次了，
手机不要放在枕头
边，辐射，辐射
知道么？！

一脸生无可恋地盖上
了被子的来来

网络上有这么一句话："有一种冷是你妈觉得你冷。"在生活中，父母对我们的生活有着无微不至的关心，对我们的学习有着强烈的关注和参与热情。面对父母这样的爱，我们有时可能会觉得有些烦躁和无奈，那么这时候我们可以怎么办呢？

首先，我们要意识到，除了父母浓浓的关爱，"管太多"背后可能是父母固着的教养习惯。他们从你是小婴儿的时候就开始用这种模式关心照顾你，随着年岁的增长，你的能力越来越强，然而父母却习惯了这种教养方式，没能随着你的成长而进行调整和改变。

其次，我们也应该看到，"管太多"背后可能还有父母自身需要处理的情绪。很多时候，他们不停地在你的身边唠叨着你的生活、学习以及其他一切，背后却是他们对你的不放心，对你成长的焦虑。不停地唠叨有时候也是他们疏解焦虑的一种方式。

此外，父母的唠叨有时候也是对你的一种“依恋”表现。因为你是他们生命中最重要的人，所以他们会把目光聚焦在你身上。

所以，不妨尝试找机会和父母聊一聊，谈谈你的想法，也帮助他们从另外一个角度重新看待自己的行为。同时你也应该试着：

（1）理解父母“唠叨”的背后是对自己的关心，更多地接纳这种关心，并学会表达感激。

（2）在双方情绪都比较平静的状态下，婉转地表达自己内心真实的感受和想法。

（3）用实际行动向父母证明自己的成长和独立。如果父母看到你的进步，自然会更放心，相应地，焦虑感会减少。

（4）多创造机会和父母沟通，建立良好的亲子沟通基础，促进彼此的理解和接纳。

父母总是对我要求过高怎么办?

来来，这是我托张阿姨找初一老师要的练习题，你反正做完作业了，闲着也是闲着。

情景回放1
来来快看，这是妈妈托人找来的五年级练习题，来做做，闲着也是闲着。

情景回放2
来来快看，这是妈妈托人找来的六年级练习题，来做做，闲着也是闲着。

请注意：这是从来来家天花板的角度所看的俯视图！（画手注）
我的妈呀！

碎碎念

当你呱呱坠地，父母带着巨大的喜悦和期待迎接你的降生。古话有云："望子成龙，望女成凤。"但当父母对自己过于严格、要求很高时，我们往往会感到巨大的压力，并为此感到苦恼。面对父母的过高要求，我们可以怎么办呢？首先让我们尝试分析一下这个行为可能的原因。

父母对孩子要求高有许多种可能。其中一种可能是，他们对自身也是要求非常严格，在他们看来，加倍努力追求卓越是成功的必经之路，所以他们把自己的成功经验直接拿来要求你。另一种可能是，有些时候，因为各种原因，父母本身会有一些自己在学生时代未完成的愿望和期待，他们有可能会将这些期待寄托在你的身上，希望通过你来实现。

不管是哪种原因，其背后仍然体现了父母的某种焦虑情绪，所以理解他们，我们也可以帮助爸爸妈妈处理这种焦虑情绪。当然，面对强势的父母，我们可以尝试：

（1）尽量不要正面顶撞，以免发生更加激烈的冲突。

（2）用积极的态度主动和父母沟通自己的需求和目标。

（3）努力践行自己的计划，让父母看到你的努力和进步。

（4）积极寻求周围的支持，设定生涯规划，尝试与父母一起探讨目标和人生计划等话题。

觉得父母不懂我怎么办？

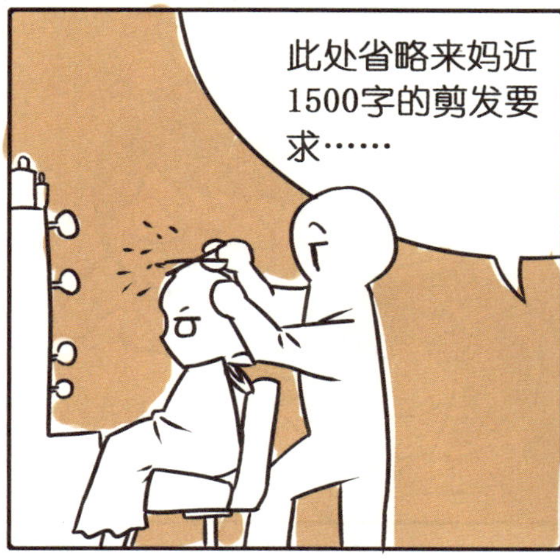

一天到晚就知道打游戏，人都打傻了，关掉！

真搞不懂这有什么好听的，听都听不清楚。换个频道，换个频道。

这日本漫画有什么好看的？

完全不在一个频道呐……
我觉得还是我们小时候的小人书经典，要不拿一套看看？

一直以来，如何和父母沟通是摆在我们面前的一个难题。很多同学都表示随着年龄的增长，和父母之间的共同话题越来越少，他们越来越不懂我们。

关于这个问题，首先我们需要清楚的是：我们和我们的父母本就属于两代人，我们分别成长在不同的年代，经历的教育和社会环境都截然不同，两代人之间在认识、兴趣甚至价值观念上的不同是必然的。其次，我们作为学生所关注的内容和家长所关注的内容、考虑的出发点也都是不同的，这是由角色身份所决定的。所以，面对那么多必然的差异，我们不要一味抱怨，而应该尝试：

（1）学会做个耐心的倾听者，理解并接受这种差异。

（2）抛开偏见，尝试去了解父母的兴趣、爱好和话题，同时也耐心地和父母聊聊自己感兴趣的内容，拉近彼此的“距离”。

父母总爱灌我喝“心灵鸡汤”怎么办？

最近几天老妈开始变风格了呢，不再不停絮叨了，但……
这是什么？

我努力，我坚持，我一定能成功。
……

当你还不能对自己说今天学到了什么东西时，你就不要去睡觉。
!?

挑战极限，无悔人生奋力拼搏进取，谱写风华篇章。
毒鸡汤啊！
饶了我吧！

不知何时起，“心灵鸡汤”悄然风靡起来，一开始喝几口，觉得营养可口，为生活注入了新的力量。然而，这样的鸡汤一旦喝多了，慢慢就开始变味了，不仅不再那么美味，甚至还会觉得有点腻，甚至有些鸡汤开始隐隐泛出一些馊味，成了“毒鸡汤”。然而，我们的父母好像一直对“鸡汤”很感兴趣，有时还喜欢与我们分享，这使得很多同学觉得哭笑不得。

事实上，“鸡汤”的前身我们一定不陌生，那就是“大道理”。喜欢和我们讲道理是很多家长的共同特点，从某种角度来说，和我们讲道理是父母内心认可了我们的成长，认为我们可以去接受和理解他们想表达的内涵。如果你有尝试“灌鸡汤”的父母，其实应该感到庆幸，至少他们与时俱进，并且他们想用自己认为更与时俱进的方式和你沟通，这何尝不是爱你的表现呢？所以面对这样的情况，我们可以：

（1）更耐心地去倾听，给予父母更多正面的回应。

（2）对于某些“心灵鸡汤”里存在的误区和父母进行探讨。

父母总是吵架怎么办？

在厨房干得火急火燎的来妈

整天就知道看报纸，都不知道帮个手！

整天就知道看手机，都不知道帮个手！
哎呀！

整天待在厕所里，都不知道帮个忙，想累坏我啊！

赖——建——国，
你给我进来！
晚饭后

就让你干这么点活，
你看看你把厨房
弄成什么样子了？
什么都干不好！
又来了……
不干活也被你
骂，干了活也
讨不了好，你
究竟想干嘛？

父母间发生争执，最受伤的往往是孩子。面对父母有时无休止的争吵，我们究竟可以做些什么？首先我们需要明白，很多时候我们对于父母间的交流内容和方式不一定是完全了解的，因为不了解，所以有时候在他们看来无关紧要的一些争执，在我们眼里就成了天大的事情。而这有可能只是父母之间已经彼此习惯的相处方式。其次我们可能也要接受：父母间的问题很多时候并不是我们能够改变或影响的，不用太过焦虑地思考自己在其中应该做些什么、需要发挥什么样的作用。要明白，这些是他们两个人之间的事，很多时候是他们俩要去解决的问题。所以如果面对这样的局面，我们应该试着：

（1）减少焦虑和负疚感，不要把他们的争执归咎于自己。

（2）不用着急去判断所谓的是非对错。

（3）等父母平静时和他们述说自己在看到他们争执时的心理体验。

（4）在父母状态和谐时尝试和他们沟通引发争执的原因，全家一起商讨解决方案。

版块二
同伴相处

有同学总爱打"小报告"怎么办?

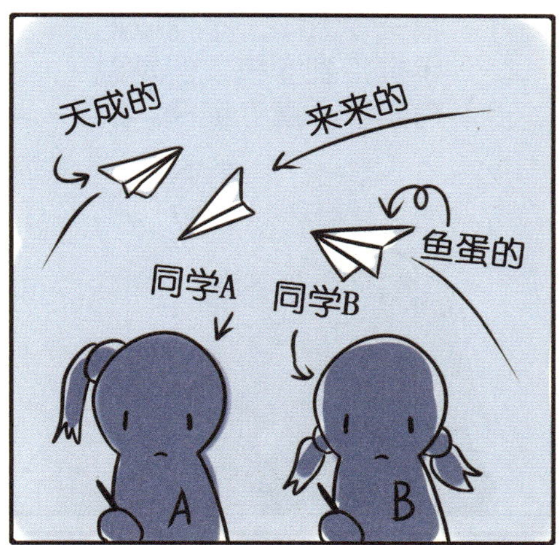

上次的纸飞机事件还没学到教训吗……

我三令五申，不可以把手机带到学校，但是总有同学不遵守纪律。

鱼蛋，把你书包里的手机交上来！

又是谁在打小报告？
已黑化

碎碎念

遇到情况去报告老师，这的确伤害到了某些同学的“利益”。他们可能本来打算悄悄地“皮”一下，以为可以“瞒天过海”，结果“东窗事发”，于是感到生气、愤怒。那么，面对这种情形，我们可以怎么处理和面对呢?

（1）我们也许可以为“打小报告”这个行为正名一下。说到“打小报告”，大家通常的印象是有人“不怀好意”地向老师反映自己调皮捣蛋的“小情况”。对于这类事情，同学们的第一反应往往是气愤。但是，这个“小情况”是胡诌的吗?如果不是的话，那么同学们只是在陈述事实，我们的情绪反应似乎更令人深思。

（2）对于那些“被打报告”的同学来说，在生气之余更应该思考的是：这个事件中最重要的源头是自己不符合纪律的行为，因违反纪律而受到批评这是无可厚非的。那么，相较于被批评后去记恨把自己“揪出来”的同学，是不是从源头上修正自己的行为、约束自己的纪律会更解决问题呢？我们所表现出来的愤怒情绪不仅影响和同学们的关系，还可能是对自己所存在问题的一种“拒绝”。想到这里，你是不是开始能理解和接受了呢？所以，碰到这样的事情，自觉反省并修正自己的不适宜行为，或许是更好的选择。

觉得自己是个“话题废”怎么办?

社团迎新
你好，你叫什么名字？
我叫赖来来。
……→
你是几班的？
六（5）班……
最怕空气突然安静……

“话题废”指的是：不善交际、不会聊天、任何讨论都参与不进去，话题终结者。当然和这个新兴名词具有异曲同工之妙的还有“尬聊”。觉得自己是个“话题废”的同学往往虽然有着想和更多人顺畅沟通的内心需求，但同时又对自己的表达有些不满意。面对这种现状，你可以试着：

（1）请一定记得一句至理名言：懂得倾听的人永远比善于讲话的人更受欢迎，所以不会聊天并不一定如你想的那么糟糕，放轻松一些。

（2）如果你总是一度因说得太多而令场面尴尬，那么尽量少说多听可能是你可以尝试的一个方法。

（3）有时候不善言谈可能也是不够自信的表现。不必过多地顾虑自己会不会说错，会不会说得不好。要明白，聊天有时仅仅就是聊天，无需时时刻刻要证明什么。

（4）试着积累一些幽默有趣的段子吧，任何时候这些都会是聊天时受欢迎的，哪怕是个冷笑话，也可能会有很好的效果喔。

好朋友突然疏远自己了怎么办？

来来，去踢球！
不啦，我英语还没抄好呢。

来来，下课一起回家。
鱼蛋，今天你先回去吧，我老妈今天来接我。

别烦我，烦着呢。

……来来为什么不理我了？
这次英语没考好，老妈天天盯着我，想想就烦。

朋友突然疏远你，你一定感到很失落吧。接着你是不是马上就会在心里胡思乱想：我是不是得罪他了？他是不是嫌我烦了？他是不是嫌我太无聊？我是不是情商太低了？你脑补了一万种自己的缺点，于是越想越烦恼，越想越自卑。最后很可能会陷入一种自我否定和自我批判，看着别人阳光自信、谈笑风生，你有种深深的无力感和被抛弃感。

然而老师想说的是，你有没有想过这一切很有可能都是你想太多的结果，至少此时此刻的糟糕感受很可能真的只是你多虑了。朋友间产生了问题或隔阂，最差的结果并不是失去了朋友，而是你失去了自信。所以面对这样的情况，你也许可以试试：

（1）如果你真的很在乎这个朋友，那么别犹豫，找他聊一聊，一起找找问题的原因。

（2）在分析了原因后，调整自己可以调整的部分，但如果你确实没有错，那么也不必委曲求全，因为适宜的伙伴关系并不是一味的忍让与求和。

（3）很多时候，和朋友的交往中要多一些包容，放开心胸，多些真诚。相信你一定能收获宝贵的友谊和珍贵的朋友。

和好朋友吵架了怎么办？

W.C
真搞不懂这些女生，连上个厕所都要手拉手。

那我们过会儿再聊。

嗨，在干嘛呢？
没干嘛！

这个人怎么回事，又没惹她，怎么又生气了？
哼，上厕所都不叫我！

碎碎念

相信每个人都会有和好朋友吵架的经历。朋友作为你身边关系亲密的人，两人之间有摩擦、争执，甚至吵架，都是很寻常的事情，那么发生这些事情之后可以怎么办呢？

（1）自我反省一定是第一步。平复完情绪后，分析一下引起你们争吵的原因究竟是什么？如果是自身存在的问题，那么为之负责并尝试去改变。

（2）在自我反省的基础上，尝试站在朋友的立场和角度上去考虑，尝试感受他的感受。当然，如果你分析的结果是对方的问题更为主要，那么尝试去沟通，真正的朋友不会经不起考验的。

（3）学会更多地包容。任何一种关系都需要用心去呵护和经营，友谊也是如此。若希望朋友之间能长期友好地发展下去，双方都要学会相互包容对方。

觉得和周围的同学没有共同语言怎么办？

HA
HA
HA
电脑游戏

听说今晚的节目会很有趣。

真无聊，整天就知道游戏和追星。

HA
HA
HA
为什么我的同学都那么幼稚？

碎碎念

有那么一些同学，即使身边都是同龄的同学和朋友，他仍然会感到孤独，觉得和他们没有共同语言。这是一种更深层次的孤独感。面对这样的情况，你可以：

（1）分析一下和同学没有共同语言的原因。是人际相处不和谐，还是关心的话题不一致？如果是前者，适当调整自己的行为和与人相处的方式是必要的；如果是后者的话，有独特的兴趣未必是一件坏事。事实上，它有可能让你成为一个特别的人，拥有独特的魅力。

（2）或者我们可以换个角度，再来看看这种因为没有共同语言而导致的强烈的孤独感。美国艾奥瓦大学的神经学家南茜·安德烈森（Nancy Andreasen）指出，通常情况下，体验孤独能够帮助个体获得创造力、领导力和新的思维方式。

（3）事实上，随着自我意识的高速发展，感到孤独、需要获得理解是我们这个年龄的重要体验，这是成长的标志，所以不必过于忧心。

版块三
对话青春

和异性交流会感到紧张怎么办?

现在请第三小组起立，大家围成一圈，手拉手，记住你自己的左右手分别是谁。
心有千千结
施老师

咦？来来，你怎么不拉手？
B
A

呃，我两边都是女生，怎么拉手啊？
快点，没事，只是体验一个游戏。

来来，你的校服袖子快扯成水袖啦……
A
B

碎碎念

有些同学可能有过这样的体验：在和师长、同性朋友交流时，我们可以非常自在。但是一和异性交流，我们就会不由自主地有些紧张、发慌，甚至出现手心出汗、嘴唇发干、身体姿态僵硬、说话结巴、语无伦次等情况，着实让人觉得尴尬。

为什么和异性交流会出现这种情况呢？最主要的一个原因可能仍然是缺乏足够的自信心，表现为害怕说错话，害怕表现不好而给对方留下不好的印象。例如，当你和一位异性简短交流后发现对方的反应并不如预期，于是你很快就会自我总结出很多原因，其中大部分可能都指向诸如自己不够好、不够讨人喜欢等负性评价。久而久之，面对异性时的交流就愈发显得难以应付。这种情况在面对一些你觉得比较优秀的异性时可能会更加突出。面对这种情况，也许可以试试：

（1）你需要进行自我松弛，把自己的状态调整好。和异性交流不是洪水猛兽，不必那么惊慌。

（2）多借鉴你和同性交流的成功经验。学习和掌握一些沟通的小技巧，例如多累积一些有趣的话题等。

（3）最后也是最重要的，不要总是把偶尔和异性的交流不畅无限放大，更不要继续做错误的归因。交流是一种互动的过程，单方面把沟通不畅的原因归咎自己，甚至归因为自己的不够优秀，会损害健康的人际关系，也会给自己带来情绪上的伤害。

如何应对周围同学的起哄和调侃？

哇，真的好帅呀！
好帅呀！

学霸，这道题怎么做？
应该是这样做的。

学霸，帮我黑板报上写几个艺术字吧。
好的。

看，学霸这个“花心大萝卜”。
啊啾！
花心大萝卜。

碎碎念

有句话说："有人的地方就有江湖。"有些同学可能会有这样的经历：有时候，一旦自己和周围的异性稍微走近了一些，马上会招来其他人"意味深长"的眼神与"不怀好意"的调侃和起哄，往往会让自己和那位异性同学觉得尴尬。面对这种局面，如果你是被调侃的对象，可以怎么办呢？

（1）请先思考这样一个问题：为何这些人如此热衷调侃和起哄？中学阶段学业任务相较之前变得更繁重，因而学习之余，对同学善意的调侃有时候可能是调节气氛，并不一定有更多的目的。

（2）当然，我们还需要知道，其中很大一部分原因是在中学阶段，随着年龄的增长，我们对于异性的关注度越来越高，对于青春期的话题越来越关注。因为关注，所以看到类似场景就会一起起哄。事实上，这背后的情绪更值得我们思考。是羡慕，还是好奇，抑或其他？所以对于这类调侃起哄，你不用太过放在心上，要知道有时候你气急败坏地解释反而会招来进一步的话题，倒不如大方地笑一笑。

（3）当然，如果经常出现这种情况，可能你也需要反思一下是不是问题出在自己和异性的交往方式上？如果有，适当调整避免误解是应该的；如果没有，那就无需太过在意，因为能和异性保持良好的互动和友谊对成长而言也是特别重要的一件事。

对她/他产生了好感怎么办？

班长长得真可爱，成绩又好，还很温柔。

这段文字的中心思想是……

来来最近怎么了，好呆！估计昨天又让他妈妈唠叨了……

碎碎念

同学们，中学阶段的你们有没有这样的体会：好像开始越来越关注异性，甚至有时会对某位异性有“怦然心动、小鹿乱撞”的体验？如果有，不要紧张，请珍惜这种单纯美好的体验，它独属于这个年龄阶段的你们。不过，这种怦然心动就是爱情吗？事实上，这份美好的感情可能并不一定是爱情，而是朦胧的好感。那么如果对身边的她/他产生了好感，怎么做才比较合适呢？以下这些对你们或许有些帮助：

（1）请不要惊慌，处于青春期阶段的你们对异性产生好感是一件非常正常和自然的事情。这也是我们心理和生理日趋成熟的标志。

（2）请你记住这种懵懂的感觉，这是珍贵和美好的体验。它独属于这个年龄段。

（3）不要急着为这份好感设计接下来的故事情节，试着将这些好感放在心中，成为你独有的甜蜜的秘密。等到长大一些再回头审视这份好感，也许你会有不一样的收获。

懵懂的好感受挫怎么办?

快要到圣诞节了，我给小敏买了个礼物，不知道她能不能感受到我的心意。
快去给她。

嘿嘿，我还是不好意思。等下下课后，我准备偷偷把礼物放在她的座位上。

重新回到鱼蛋手上的礼物

嗨，被拒绝了的人真是可怜啊。

碎碎念

对身边的某位异性产生好感，鼓足勇气向对方表达自己的心意，结果收到的反馈是石沉大海或拒绝，也许你会因此而感受到强烈的挫败感，产生自我怀疑，觉得世界都是灰暗的。或者调转角色，如果有一天你突然成为了被表白的对象，在吃惊、激动之余，你可能会感到忐忑无助，不知道怎样回应才是比较好的选择。那么，面对以上两种局面，我们可以怎么处理呢？

（1）对那些遭受拒绝的同学，我想说：你能忠于自己的真实感受，勇敢表达，这很不容易，因为它需要不小的勇气。如果对方拒绝了你，那么就请好好接纳和尊重她／他的决定。也请你相信：这一次被拒绝并不说明你是一个不值得被爱的人。

（2）如果你正经历被表白而不知所措，那么记住无论你的决定如何，都请一定要对对方的表达心怀感激，因为这是对你的一种肯定。如果你选择拒绝，那么请不要模棱两可，更不能粗鲁无礼。做适宜的决定、选择合适的方式，也许会有不一样的收获和感悟。

（3）也许大家都会有这样的疑问：青春期对异性的好感是不是真的就是我们所憧憬的爱情呢？事实上，心理学家斯滕伯格告诉我们，爱情由三种元素组成，即激情、亲密和承诺，缺一不可。很多时候，我们心里感受到的“小鹿乱撞”只是激情的成分，真正的爱情还需要长时间的相处和了解以及对彼此的责任和承诺，需要做更多的准备。

青春期的生理变化真的那么令人尴尬吗？

某天早上
???

啊，这是什么呀！？

怎么啦？
一大早的？！
你出去！
???
??

儿子，恭喜你长大了喔。

碎碎念

青春期阶段，我们的生理和心理不断成长和成熟，会出现体重增加、身体长高、汗腺活跃、童音消失、出现痤疮以及性器官发育等情况。面对这些变化，很多同学可能会有些手足无措，常常会感到害羞和尴尬，并因此变得不自信，甚至影响学习生活的很多方面。那么，我们究竟应该怎样调整心态来更好地适应这些变化呢？老师认为：

（1）请你明白，这一阶段身体发生的这些变化是每个人都会经历的。它是成长的标志，意味着你们正逐渐走向成熟，是一件值得高兴的事情。

（2）不要羞于面对这些变化，要对它们有科学的认识。这时候父母、同伴都是你可以咨询、交流的对象，你也可以选择科学的书籍去学习了解相关的知识。正确的认识可以帮助你更好地了解自己，更好地应对变化，也可以帮助你提前作好准备，不至于被突如其来的变化所吓倒。不要因为害羞而避而不谈，或仅仅片面地认识和解读，这也许会给你的健康成长带来不利的影响。

（3）生理的变化常常伴随着很多心理的变化，这个阶段，也许你会发现自己越来越关注外表，可能会因为脸上的痘痘、体重、身高等而感到烦恼。事实上，外表的美丽固然令人愉悦，但合理的作息习惯、健康的心态，以及内在的底蕴和修养，才能让你获得更多自信，也更受欢迎。

版块四
走近老师

觉得老师会差别对待学生怎么办？

今天是谁值日，为什么不擦黑板？！
为什么没人回答？
今天谁值日？！

要有班级荣誉感，每个人都是这样的话班级还会好吗？

今天不是鱼蛋值日，是学霸。

碎碎念

老师是学生心目中的“重要他人”，我们都渴望得到老师更多的关注和肯定。但是，有些同学可能会有这样的感受：老师在对待同学时有时候会出现“差别待遇”，表现为往往会对那些成绩好、平日表现好的同学更宽容。那么事实是这样吗？

我们先来认识一种心理效应，叫做“晕轮效应”。即，在人际交往中，人们身上表现出的某一方面的特征会掩盖其他特征，从而造成人际认知的障碍。例如，我们往往会把更多美好的特征和一位气质优雅的美女联系起来，而把一些负性的特征和一位举止粗鲁的人联系起来。然而，事实上这是一个误区，美女也可能“蛇蝎心肠”，粗鲁的人也可能“面恶心善”，但人们对他人产生评价时往往会被他身上突出的特质所引导。同样，对于学生的评价，老师有时也难免会陷入“晕轮效应”，容易把一些不好的行为和平时喜欢调皮捣蛋的同学联系起来，于是就容易出现感觉被老师差别对待的情况。当然，我们也需要承认，老师也是普通人，对学生的评价带有主观倾向也是有可能发生的。那么如果当被老师差别对待了，我们可以怎么办呢?

（1）请学会自我反思。如果的确有欠妥的地方，那么首先要进行自我修正，而不是纠结于别人为何不被惩罚。

（2）注意自己不要被“晕轮效应”影响，认定老师就是带着恶意的。这样会使你和老师间的关系更加剑拔弩张。

（3）要明白好的印象需要一点一滴的积累。如果你能表现得更好，相信老师们都能看在眼里。

被老师误会了怎么办?

学校二楼阳台
呜哇 哇
哇 哇
仿真虫
子玩具

什么嘛，原来
是一个仿真蜈
蚣……

啊！

为什么受
伤的总是
我？
哇啊啊啊啊
啊啊啊啊啊
啊啊啊啊啊
啊啊啊！来
来！你给我
到办公室！
啊啊啊啊啊
啊啊啊啊啊
啊啊啊啊啊
啊啊啊啊啊
啊啊啊啊啊
来自司老师的惨叫

《小王子》里玫瑰曾经对小王子说："误解伤害了我们爱的人，更伤害了我们自己。"人际之间的互动，因为各种原因产生误会在所难免，我们因而难以逃脱人际关系带来的情绪困扰。如果有一天，你发现老师误会你了，相信你的感受一定是更加忐忑不安但又不知如何是好。那么这时候我们该怎么办呢？也许你可以试试：

（1）你要明白，沉默可能是最坏的一种方式。它在更多时候容易被解读为默认，选择沉默可能会让误解进一步加深。

（2）打破沉默，主动解释是一个比较积极主动的方法，但是也要讲究技巧。一般来说，尽早找到合适的时间，在双方都比较心平气和的状态下解释是比较合适的。当然，如果自己实在是无法当面向老师开口解释，有时候找一个合适的人代为解释或许可行。

（3）误解的产生一定会有相关的情境和条件，所以学会反思容易产生误解的情况，在今后的生活中避免类似的误解再次发生也非常重要。

觉得老师总是“聚焦”自己怎么办?

来来，你认真点，怎么又思想不集中啦？你不要总是这副表情，好像我冤枉了你一样。

你看，这样就对了嘛，现在注意力就集中了。

几分钟后

谁来回答黑板上
这个问题？
tan90°=?
王
全部在低头的学生
不存在的

来来，你来
回答问题。
已把脖子缩到领子里的来来

为什么受伤的
总是我？！
王

我就喜欢叫头低
得最低的人回答
问题。
王

碎碎念

可能有些同学会有这样的体验：上课时有时自己会有些走神，或者老师教授的知识点没能掌握、问的问题没有整理好思路，这时候会特别希望老师的目光不要关注到自己。然而，越是这样想，老师的目光越是会准确地“聚焦”到自己身上，这种情况真是让人颇感头疼。然而比这更让人头疼的是，有些同学发现，个别老师“聚焦”自己的情况非常多，自己上课时的一举一动仿佛都在他的掌控中，真是让人觉得“压力山大”！那么面对这种情况，我们可以怎么办呢？也许我们可以试着思考一下为什么老师会“聚焦”自己，然后有针对性地调整自己的行为。

（1）你需要明白“聚焦”可以用另一个词语代替——关注。老师在那么多学生中更多地关注你有很多原因，其中之一可能是关心你，所以喜欢上课时更多地和你互动。

（2）也有可能是因为他希望得到你的课堂反馈，以便调整授课节奏。

（3）当然，有时候老师经常看着你可能意味着你正在做一些和课堂无关的事情，例如开小差、说话等，这时候你应该做的就是调整自己的行为，而不是抱怨为何老师总是聚焦自己了。

老师太严厉了怎么办?

来来，下课
到我办公室
来，把作业
补好！

来来，你站
起来听课！

来来，你们几
个留下来把随
堂测验订正好
才能回家！

真让人不省心！
苦啊~~

每个人在学习的过程中，总会遇到各种类型的老师，他们有的亲切，有的高冷，有的幽默，有的严肃，有的温柔，有的严厉。而要求严格的老师常常让人觉得有些“压力山大”，但事实上，这些老师往往有另一个标签——负责。因为有责任感，所以他们可能会对学生和班级事事高标准、严要求，这背后需要老师付出极大的时间和精力。所以，如果你身边正好有一位这样严师，未必是件坏事：

（1）请心存感激，因为这对你而言是一件幸运的事。调整看待这个问题的角度，感受老师的付出，你会发现严格可能并不坏。

（2）有时严厉的老师可能脾气相对急躁一些。这时候，多些理解和宽容，试着借鉴一下自己和父母相处的策略，可能会对你有所启发。

（3）当然，对于严格的老师而言，你的认真努力是他最想要看到的。那么，在严师的鞭策下，更加用心地学习吧。

不适应老师的教学方式怎么办？

平日
今天的家庭作业，完成练习册20—22，还有发下来的卷子。

因国定节假日而导致的三连休
三天小长假的作业，完成三份卷子。

国庆节
这次国庆假的作业……
不会有7张卷子吧？

不不不，是8张卷子！
一脸坏笑的王老师
学生集体晕倒

初中的学习内容和小学有很大的区别，加上每个授课教师可能有自己比较独特的教学风格和教学方式，于是有些同学会在学习过程中产生不适应，继而影响学习成绩。那么面对这种状况我们该怎么办呢?

（1）我们首先要根据初中的学习内容和要求有针对性地调整学习策略。初中阶段，课程设置增多，考试更为灵活，讲究活学活用。我们必须改变以往“写完作业，万事大吉”的做法，主动复习当天所学的知识。除了老师所留的作业，还应该增加课外阅读，加深理解，拓宽知识面，由依赖性学习向主动、独立性学习转变。

（2）要学会合理安排学习时间，学会制定学习生活作息表，并养成有序合理的学习习惯。

（3）可以就老师的教学方式和同学进行探讨，借鉴适应的技巧和方法。如果很多同学都和你一样无法适应，那么适当地和老师沟通，也是积极合理的方式之一。